四季告诉你的科学

枫叶变红的奥秘

韩国学富五车编辑室 著 | [韩]郑有晶 绘 | 锐拓 译

长春出版社
国家一级出版社
全国百佳图书出版单位

图书在版编目（CIP）数据

四季告诉你的科学．枫叶变红的奥秘 / 韩国学富五车编辑室著；（韩）郑有晶绘；锐拓译 . —— 长春：长春出版社，2021.12

ISBN 978—7—5445—6554—7

Ⅰ . ①四… Ⅱ . ①韩… ②郑… ③锐… Ⅲ . ①自然科学－儿童读物②树叶－儿童读物 Ⅳ . ① N49 ② S718.42—49

中国版本图书馆 CIP 数据核字 (2021) 第 243020 号

吉图字 07-2021-0195 号

四季告诉你的科学·枫叶变红的奥秘

出　版　人：郑晓辉
著　　　者：韩国学富五车编辑室
绘　　　者：[韩] 郑有晶
译　　　者：锐　拓
责　任　编　辑：闫　言
封　面　设　计：赵　双

出版发行　**長春出版社**　　　总编室电话：0431-88563443
　　　　　　　　　　　　　　　发行部电话：0431-88561180

地　　　址：吉林省长春市长春大街 309 号
邮　　　编：130041
网　　　址：www.cccbs.net
制　　　版：若正文化
印　　　刷：长春天行健印刷有限公司

开　　　本：16 开
字　　　数：9 千字
印　　　张：2
版　　　次：2021 年 12 月第 1 版
印　　　次：2022 年 1 月第 1 次印刷
定　　　价：20.00 元

韩国学富五车编辑室

该编辑室为韩国Daseossure出版社的童书编辑室，在20年间一直致力于出版有关自然和环境的图书。其中出版的《土中的蚯蚓》《你是蚂蚁吗？》等自然绘本被收录在了韩国的教科书中。我们通过多年的经验积累，运用丰富的儿童自然绘本的编辑技巧，文字内容经过专修植物学的张振成博士的仔细审读，最终编写出了本书的文字内容。

郑有晶

郑有晶老师在世宗大学绘画系学习韩国画，并在梨花女子大学教育研究生院获得了美术教育学硕士学位。

郑老师经常会在自己的农家院里种黄瓜、生菜等蔬菜，同时，她还在不断尝试创作与自然相关的童书。

她亲自编写并绘制插图的书籍有《有一只鸭子》《一棵草莓》，只绘制插图的书籍有《小手菜谱》《岩石王国和小星星》。

松鼠正在秋天的田野里散步。
看着色彩斑斓的秋日美景，
小松鼠突然好奇起来。
"咦？以前绿油油的树叶
为什么变得又红又黄呢？"

秋天到了，树叶都被染成了自己专属的颜色。

枫叶被染成了艳丽的红色，麻栎叶被染成了棕褐色，而银杏叶被染成了黄色。

鹅掌楸叶

连香树叶

爬山虎叶

枫 叶

卫矛叶

染井吉野樱叶

紫花槭叶

木槿叶

水榆花楸叶

银杏叶

山楂叶

麻栎叶

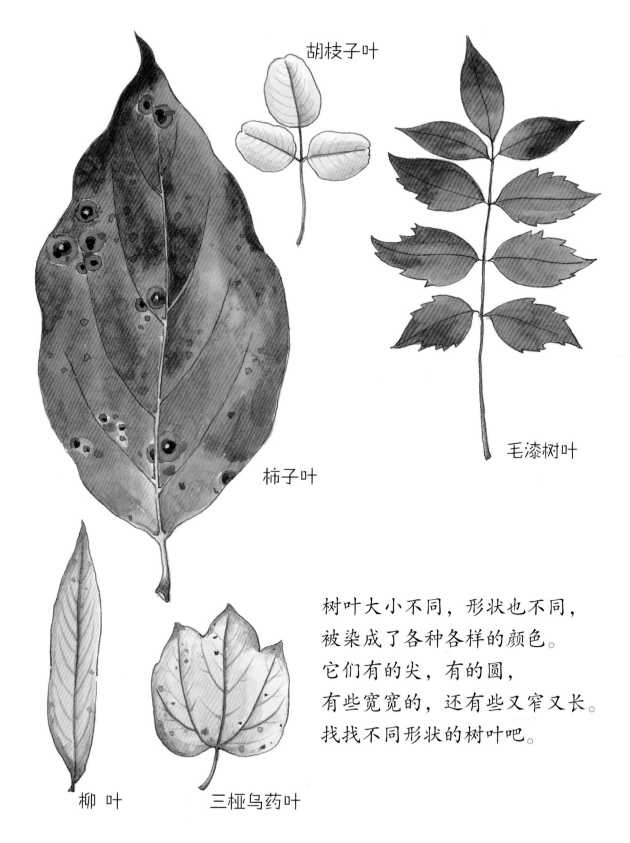

胡枝子叶

毛漆树叶

柿子叶

柳 叶

三桠乌药叶

树叶大小不同，形状也不同，
被染成了各种各样的颜色。
它们有的尖，有的圆，
有些宽宽的，还有些又窄又长。
找找不同形状的树叶吧。

鹅掌楸叶

连香树叶

爬山虎叶

枫 叶

卫矛叶

染井吉野樱叶

紫花槭叶

木槿叶

水榆花楸叶

银杏叶

山楂叶

麻栎叶

胡枝子叶

毛漆树叶

柿子叶

树叶从春天到夏天一直是绿色的。
因为树叶里含有叶绿素，
所以看起来就是绿色的。
叶绿素可以帮助树叶吸收阳光。

柳 叶　　三桠乌药叶

树叶对大树非常重要。
树叶能制造出供大树成长
所需的糖分。
糖分对于树枝、树干、树根都必不可少。
树叶中的叶绿素通过光合作用从阳光中吸收能量，从
根部吸收水，并与空气中的二氧化碳结合，制作出树
木生长所需的食物。
在夏季，树叶就是这样给大树提供营养成分的。

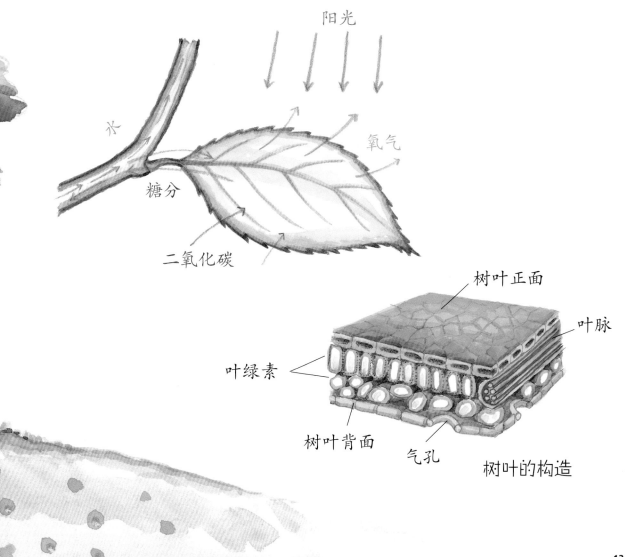

阳光

水

氧气

糖分

二氧化碳

树叶正面

叶脉

叶绿素

树叶背面

气孔

树叶的构造

从8月开始，树木就要为过冬做准备了。
夏天过去了，阳光不再炽热，光照减少，
树叶也跟着发生了变化。
正是这种变化最终造就了美丽的秋色。
在秋天，阳光越来越弱，
树木一天中能见到阳光的时间越来越少。
这一切都在告诉树木：寒冷的冬天即将到来。
在寒冬，树木不得不在少量的水和阳光下生存。

随着阳光变弱，树叶渐渐无法工作了。
因为没有阳光是无法制造出叶绿素的。
随着树叶里叶绿素的逐渐消失，树叶不再是绿油油的了，
它们的生命也就因此结束了。
树叶慢慢地离开了。

随着叶绿素的消失，隐藏在深绿色下的黄色的、
朱红色的色素便逐渐在树叶上显现出来，
也就是我们常说的枫叶变红了。

19

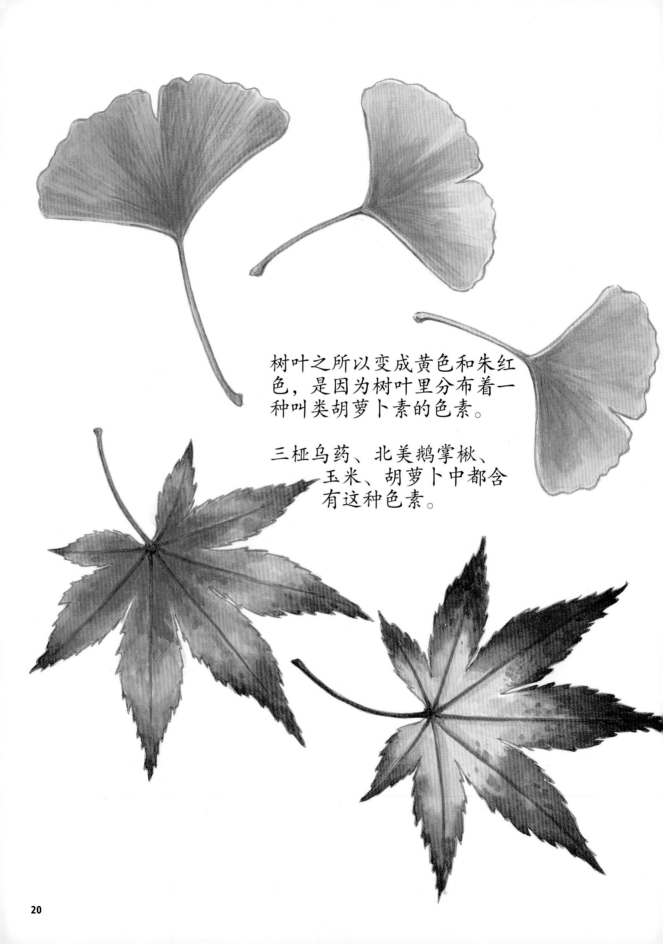

树叶之所以变成黄色和朱红色，是因为树叶里分布着一种叫类胡萝卜素的色素。

三桠乌药、北美鹅掌楸、玉米、胡萝卜中都含有这种色素。

树叶除了被染成黄色、朱红色外，还会被染成
红色、棕褐色或紫色。
黄色和朱红色色素长期储存在树叶中，
而其他色素则是树叶将要枯萎时形成的。
这些新的色素都是由树叶上残留的糖分合成的，
阳光则起了转化作用。
若白天晴朗、夜晚凉爽的天气持续下去，
就能一直看到各种颜色的树叶。

·被染成棕褐色的麻栎叶，其颜色
也是由树叶中残留的糖分形成的。

·树叶之所以会变成红色、紫色或混合色是因为它们含
有花青素，事实上约10%的树木的叶子都是这种颜色的。

被染红的树叶都做好了随时从树上掉下的
准备，哪怕遇到一丝微风或小雨，
它们也会马上掉到地上。
一眨眼的工夫，大树的身子就光溜溜的了，
掉落的树叶全都堆在了树下。
树下堆积的落叶渐渐腐烂，给泥土注入了丰
富的营养，它们就这样保护着大树，让大树
在冬天依旧能保持健康。

🍁 让我们一起做出色彩斑斓的树叶吧！——树叶印章

准备各种树叶、图画纸、颜料、盘子、毛笔或海绵。

· 收集各种树叶。挑出相对饱满的和没有破碎的叶子。
· 用毛笔或海绵在树叶内侧均匀地涂上颜料。
· 把涂上颜料的树叶放在图画纸上，压一下。
· 观察仿造出来的树叶的轮廓和叶脉。

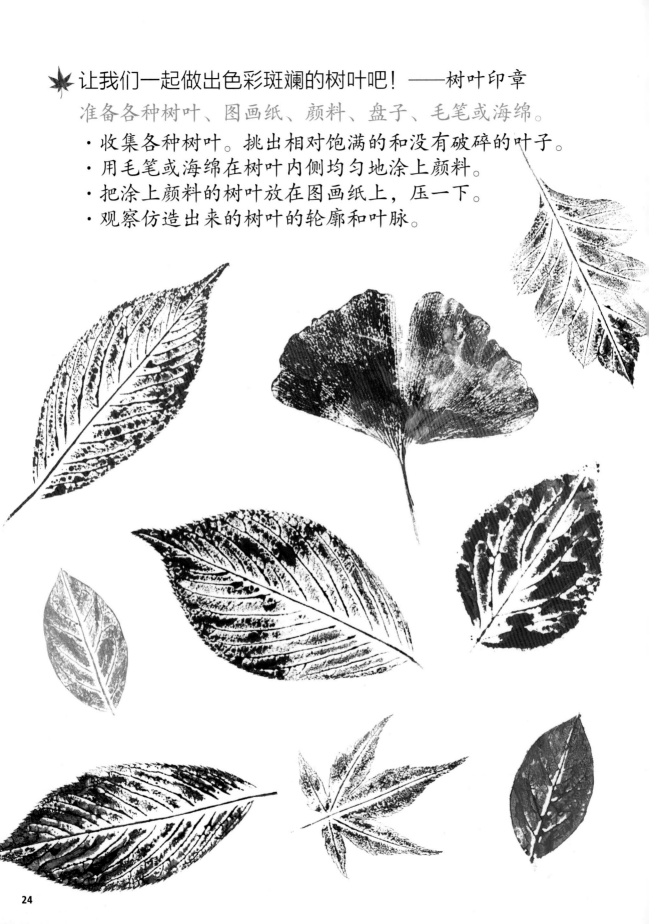

四季告诉你的科学

"四季告诉你的科学"系列是专门为3～10岁儿童准备的绘本
让我们跟随春夏秋冬四季的自然变化，一起去探索大自然的神秘，
体会生命的价值吧！

动物如何过冬

面颊鼓鼓的，嘴里塞满橡子的松鼠忙得不可开交。
冬日里寒风凛冽，大雪纷飞。在这么寒冷的冬天，
动物是如何生活的呢？
它们每天都被冻得瑟瑟发抖吗？还是藏在了什么温
暖的地方？
[韩] 韩永植 著/[韩] 南盛勋 绘|锐拓 译

植物如何过冬

寒风凛冽的冬天，大树一动不动地站着。虽然叶子
都早早地离开了，但它看起来好像也不冷。
是什么把大树裹得严严实实的不让它挨冻呢？
它穿了什么样的毛衣来温暖过冬呢？
[韩] 韩永植 著/[韩] 南盛勋 绘|锐拓 译

小种子长大啦

通过芸豆的生长让我们来探究植物的一生。
一粒小种子是如何长成一株大大的植物的呢？
种子的成长，泥土、水、阳光必不可少。
一起去看看种子是如何破土发芽，开花结果的吧。
[韩] 韩永植 著/[韩] 南盛勋 绘|锐拓 译

枫叶变红的奥秘

夏季的菜园

夏天的菜园里到处都是可口的蔬菜。
有叶菜类、茎菜类、根菜类，多种多样。
让我们一起看看蔬菜是如何生长的吧！
[韩] 朴美林 著 | [韩] 文钟仁 绘 | 锐拓 译

春季野菜的那些事

即使冬天的积雪还没有融化，野菜也早已知道春天就
要来了。
哪怕在冰冻的土地中，它们也依旧会露出嫩叶、长出
茎干。
让我们认识一下不畏寒冬的春季野菜吧！
[韩] 朴美林 著 | [韩] 文钟仁 绘 | 锐拓 译

蜻蜓的秋季旅行

每一只蜻蜓都是优秀的飞行员。
秋天到了，天气渐渐凉爽，
蜻蜓们开始好奇外面的世界了。
忙碌的松鼠，采蜜的蜜蜂，捕猎的蜘蛛，演奏的草
蜢……一段奇妙的秋季旅行就此开始。
[韩] 韩永植 著 | [韩] 多呼 绘 | 锐拓 译

✹ 让我们为

不同形状的叶子涂上颜色吧!

枫叶

连香树叶

鹅掌楸叶

卫矛叶